# 小实验串起科学史

## 科学史（第20全）

### 从照相机到X射线

路虹剑／编著

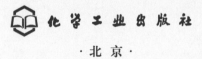
化学工业出版社

·北京·

**图书在版编目（CIP）数据**

小实验串起科学史 . 从照相机到 X 射线 / 路虹剑
编著 . —北京：化学工业出版社，2023.10
ISBN 978-7-122-43908-6

Ⅰ . ①小… Ⅱ . ①路… Ⅲ . ①科学实验 - 青少年读物
Ⅳ . ①N33-49

中国国家版本馆 CIP 数据核字（2023）第 137348 号

责任编辑：龚 娟 肖 冉　　　　　　装帧设计：王 婧
责任校对：宋 夏　　　　　　　　　　插 画：关 健

出版发行：化学工业出版社（北京市东城区青年湖南街 13 号 邮政编码 100011）
印　　装：盛大（天津）印刷有限公司
710mm×1000mm　1/16　印张 40　字数 400 千字
2024 年 4 月北京第 1 版第 1 次印刷

购书咨询：010-64518888
售后服务：010-64518899
网　　址：http://www.cip.com.cn
凡购买本书，如有缺损质量问题，本社销售中心负责调换。

定价：360.00 元（全 20 册）

# 作者序

在小小的实验里挖呀挖呀挖
挖出了一部科学史!

　　一个个小小的科学实验,好比一颗颗科学的火种,实验里奇妙、有趣的科学现象,能在瞬间激起孩子的好奇心和探索欲。但这些小实验并不是这套书的目的和重点,它们只是书中一连串探索的开始。

　　先动手做一个在家里就能完成的科学实验,激发孩子的好奇,自然而然地,孩子会问"为什么",这时候告诉他这个实验的科学原理,是不是比直接灌输科学知识更能让孩子接受呢?

　　科学原理揭秘了,孩子的思绪就打开了,会继续追问:这是哪位聪明的科学家发现的?他是怎么发现的呢?利用这个科学发现,又有哪些科学发明呢?这些科学发明又有哪些应用呢?这一连串顺

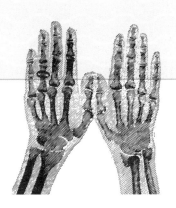

理成章、自然而然的追问，是不是追问出一部小小的科学史？

你看《从惯性原理到人造卫星》这一册，先从一个有趣的硬币实验（实验还配有视频）开始，通过实验，能对经典物理学中的惯性有个直观的了解；紧接着通过生活中的一些常见现象来加深对惯性的理解，在大脑中建立起看得见摸得着的物理学概念。

接下来，更进一步，会走进科学历史的长河，看看是哪位伟大的科学家首先发现了惯性原理；惯性原理又是如何体现在宇宙中星体的运动里的；是谁第一个设计出来人造卫星，这和惯性有着怎样的关系；我国的第一颗人造卫星是什么时候发射升空的……

这套书共有 20 个分册，每一个分册都有一个核心主题，从古代人类文明，到今天的现代科技，内容跨越了几千年的历史，能读到伽利略、牛顿、法拉第、达尔文等超过 50 位伟大科学家的传奇经历，还能了解到火箭、卫星、无线电、抗生素等数十种改变人类进程的伟大发明的故事。

这套书涉及多个学科，可以引导孩子在无数的"问号"中深度思考，培养出科学精神、科学思维、科学素养。

# 目录

你用照相机拍过照片吗？照相机的出现，让人们可以轻松记录自己生活的美好瞬间，也可以记录历史上那些重要的时刻。照相机的发明，结合了物理和化学原理，可以说是这两门学科的完美结合。那么，照相机的发明有哪些有趣的历史故事呢？又是谁发现了X射线？别着急，我们来先做个小实验吧。

照相机是物理和化学的完美结合

# 小实验：会动的图

你见过会动的图片吗？如果没有见过，下面这个小实验或许会让你"大开眼界"。

## 实验准备

画有特殊设计恐龙、齿轮和小鸟图案的图片各一张，半透明的竖条栅硫酸纸、夹纸板和夹子。

扫码看实验

## 实验步骤

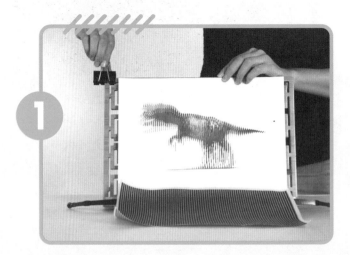

① 先把恐龙图片夹在夹纸板上，再用硫酸纸盖住图片，然后左右移动硫酸纸，恐龙就动起来了。

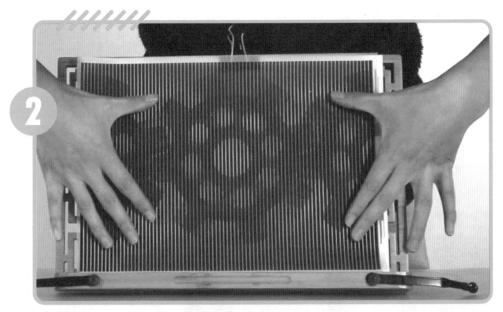

然后换成齿轮图，左右移动硫酸纸，齿轮也会转起来。

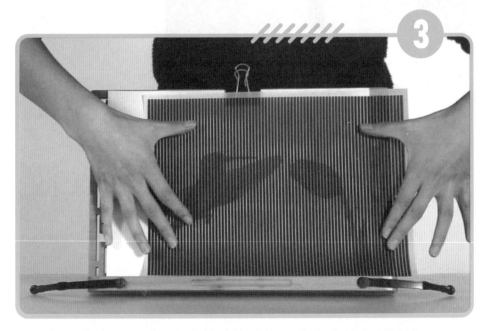

最后换成小鸟图，左右移动硫酸纸，小鸟会扑扇起翅膀。

把半透明的硫酸纸，放在静止的图片面前左右移动时，我们看到图画由静到动了，这是为什么呢?

# 实验背后的科学原理

　　仔细看静止的图片，它是由一段一段粗细不同的黑线条画出来的。硫酸纸上也有一道道黑色竖条纹。把硫酸纸放在图片前，黑色条纹会挡住图片的一部分。当我们左右移动时，挡住的部分不停切换，就会看到动态的效果。由于人的视觉暂留效应，我们会感觉画面之间的切换是连续的。其实，还是眼睛欺骗了我们。

影视节目可以分解
成为一张张图片

　　那么，什么是视觉暂留效应呢？视觉暂留效应指的是，当人眼所看到的影像消失后，影像仍在大脑中停留一段时间的现象，停留时间约 0.1 秒。

　　利用人的视觉暂留效应可以设计出很多类似的东西，比如之前放电影就是将一张张胶片上图案快速投放到银幕上，每张胶片上的图案都是静止的但是我们却觉得银幕上图案是连续的，很流畅。

　　在照相机问世之前，对于人物的形象、美丽的风景，只能通过绘画的方式进行记录。尽管因此诞生了很多伟大的艺术作品，但随着社会与科学的发展，人们越来越向往能有一种设备来真实记录那些珍贵的时刻。

# 从小孔成像到暗房

中国古代流传后世的《墨子》一书中记载了对有关光的特性和反射现象的观察思考，并记录了光通过小孔在平面上形成倒立图像这一现象。

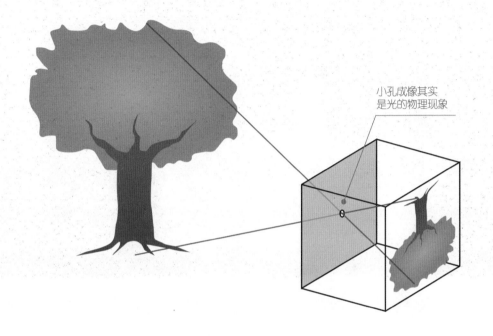

小孔成像其实是光的物理现象

小孔成像其实是一种物理光学现象。当用一个带有小孔的板子在合适的位置遮挡在屏幕和物体之间，屏幕上就会形成物体的倒像，这种现象就是小孔成像。

我们也可以动手来做小孔成像的实验。首先用一个很细很尖的物体在硬纸板上扎一个很小的圆形小孔，小孔的直径最好是毫米级，然后将硬纸板竖直固定在桌子上；保持屋子里比较暗的光线，这时点燃一根蜡烛，蜡烛放置在离硬纸板小孔的不远处，在硬纸板的另一边，放置一张白纸，适当调整三者的距离，在白纸上我们就可以看到点燃的蜡烛在白纸上的成像了，这个像是倒立的蜡烛火焰。

移动蜡烛和小孔的距离，
成像效果也会改变

当我们前后移动白纸时，蜡烛火焰的倒立像也会发生变化，一般而言，当白纸离小孔较近的时候，蜡烛的像会比较小且明亮；当白纸离小孔较远的时候，蜡烛的像就会比较大但是比较暗。

小孔成像实验的关键是小孔的大小：当改变小孔的形状，如将圆形改为正方形，小孔成像依旧会成功；但是小孔的直径与蜡烛一样大的时候，就不能够成像了。这是由于小孔成像的原理是光的直线传播，我们可以将蜡烛火焰看成是一个个的点光源，当其光线经过小孔的时候，由于光只能直线传播，因此，这些点光源在小孔后面的成像就成倒立的了；但是当小孔比较大，蜡烛火焰光都能传播过去的时候，就会将小孔后面全部照亮了。

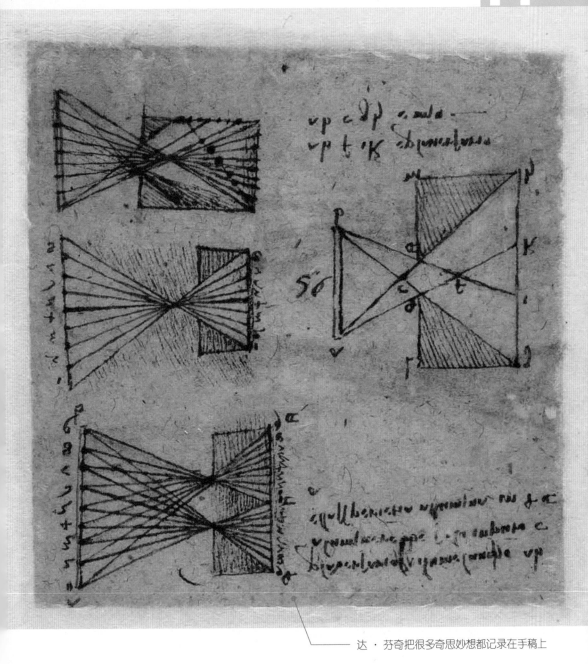

达·芬奇把很多奇思妙想都记录在手稿上

而到了 1490 年，意大利文艺复兴时期的列奥纳多·达·芬奇，在其《大西洋手稿》（也被称为《大西洋古抄本》）中，以图画形式阐述了暗房的概念及其操作方式——艺术家们可以把暗房当成一种工具，在画布上描摹出从小孔透进的景物的大体轮廓，然后填充颜色，以此完成一幅画作。

事实上，我们可以把照相机的原始形态追溯为暗房，其成像原理就是小孔成像原理。但有一个问题，如何把暗房里的景象"记录"下来呢？要想实现这一点，离不开化学的发展。

18 世纪的暗房

长久以来，人们都注意到了一件事，太阳光会使皮肤晒黑或纺织品褪色，那么有没有什么物质对光特别敏感呢？

1777年，瑞典化学家卡尔·威尔海姆·舍勒（1742—1786）研究了对光敏感的氯化银，并确定光线会将氯化银分解成微小的黑色金属银颗粒，从而使其变暗。舍勒又发现，氨水能溶解氯化银，但不能溶解暗色粒子。这一发现本可以用来稳定或"固定"用氯化银捕获的相机图像，但并没有被最早研究摄影的实验人员发现。

—— 瑞典化学家卡尔·威尔海姆·舍勒

英国摄影师托马斯·韦奇伍德（1771—1805），被认为是第一个想到通过在涂有光敏化学物质的材料上捕捉相机图像来创造永久照片的人。他最初是想通过涂有硝酸银溶液的纸来捕捉暗箱的图像，但因感光不足，无法影响硝酸银溶液纸。韦奇伍德由于身体原因，没有继续他的实验研究，但他的想法无疑是具有开创性的。

# 第一张照片和第一台照相机

　　1816 年，法国摄影师约瑟夫·尼塞福尔·尼埃普斯（1765—1833）用暗房和氯化银感光纸拍下了一张照片，但由于氯化银的特性，照片上的图像不是永久性的，而且拍摄出来的照片为"负像"，并非真正意义上的"正像"照片。

尼埃普斯拍摄了人类的第一张照片

　　尼埃普斯是早期使用"暗箱"技术的石版画的爱好者。他读过舍勒等人的著作，知道氯化银在光照下会变暗，甚至会改变性质。然而，就像他之前的那些人一样，他也没有找到一种方法让氯化银的改变永久存在，于是他转而寻找另外的物质。

　　1826 年前后，尼埃普斯委托光学仪器商人查尔斯·塞福尔为他的照相暗房制作了光学镜片，制成了世界上第一架照相机。同年，尼埃普斯尝试了许多种材料后，最后决定利用沥青曝光后会永久硬化的特性，将其选作感光材料。

　　尼埃普斯在一块铅锡合金板上涂上白蜡和沥青的混合物，制成了一块感光金属板。尼埃普斯把这块感光金属板放进照相机内，在阁楼上对着窗外曝光了8个小时，然后用薰衣草油把没有曝光硬化的白色沥青混合物洗掉，得到了窗外景物的正像照片。

人类历史最早的一张照片

第一台实用相机的发明人达盖尔

就这样，尼埃普斯成功拍摄了摄影史上第一张永久保存的照片，他把这种拍摄法称为"日光蚀刻法"。

1829年，尼埃普斯遇到了一位合作者——画家路易·达盖尔（1787—1851），两个人志趣相投，共同研究摄影成像技术。1833年尼埃普斯因病逝世后，达盖尔只能独自一个人继续研究。

功夫不负有心人。1837年，达盖尔成功地发明了一种实用的摄影术，并取得了巨大成功。这种摄影术被称为"达盖尔摄影术"，也被称为"银版摄影术"。这种技术的基本思路是让一块表面上有碘化银的铜板曝光，然后以水银蒸气显影，并用食盐溶液定影，最终形成永久性的正像影像，并且曝光时间也缩短至15~30分钟。

　　达盖尔还制成了世界上第一台实用照相机，由镜头、光圈、快门、取景器和暗箱等部分组成，与今天我们使用的照相机基本类似。

　　1839年，达盖尔把他的技术公布于世，在公众中引起了巨大的轰动，人类摄影的序幕正式拉开。

照相机的发明其实应该算作尼埃普斯和达盖尔共同合作的结果，离开其中任何一个人，摄影成像技术和照相机的发明不知道要被推迟多少年。

达盖尔拍摄的坦普尔大街

# 照相机的基本结构

有了照相机，人类可以随时记录眼前的画面

照相机自问世以来，让人们更快速和准确地记录自己所见到的画面。我们今天能够看到的很多珍贵的历史照片，都离不开照相机的功劳。那么，照相机的工作原理是怎样的呢？

照相机也是利用透镜成像的光学原理来进行成像，并且能够在感光胶片上记录下被拍摄物体平面像的一种设备。利用照相机来拍照的技术也被称为摄影术。

人们一直希望能够把眼睛看到的物体影像记录下来，其实照相机的构造和人的眼睛类似，一端具有开孔和镜头，而另一端是装有感光胶片的小盒。光通过光圈进入照相机，镜头的透镜会把景物影像汇聚在胶片上，图像就在胶片上形成，这时胶片上的感光剂会随着光线的多少而发生变化，继而能够显影和定影，形成和景物相反或者色彩互补的影像，这时所形成的影像是一种实像。冲洗胶片，或对胶片进行化

在数码相机问世前，照片是通过冲洗产生的

学处理，图像便可呈现。通过这个过程，我们也就能够用照相机来记录物体的平面像了。

随着科技的发展，人们发明了数码照相机，镜头所汇聚的光不再汇聚到胶片上，而是汇聚到图像传感器上，图像传感器将光信号转换为电子信号，存储在相机的内存卡上。

照相机的各个零件都可以调整，快门速度、光圈的大小，胶片的感光度以及镜头等都可以改变。

# 伦琴和 X 射线的发现

　　除了照相机，还有一种和光学有关的重要发现，至今都在影响着人们的生活。这就是 X 射线。X 射线是光的一种，因此又叫 X 光。

　　今天，X 射线已经应用在生活的很多方面。你肯定知道，X 射线有很强的穿透性，在医院里可以帮助医生了解病人身体内的一些情况；在机场、地铁站等地方，X 射线还可以检查乘客行李中是否携带了危险物品；在工业上，X 射线也有很多的应用，例如对材料结构的研究等。但是你知道吗，X 射线又被称为伦琴射线，这和一位名叫伦琴的物理学家有着很大的关系。

德国物理学家伦琴

威廉·康拉德·伦琴（1845—1923）出生在德国莱茵州伦内普城，父亲是一位毛纺厂的商人。3岁时伦琴跟随父亲搬到荷兰的阿佩尔多恩。少年时期的伦琴并没有表现出过人的才华，反而还因为被人诬告而失去了中学毕业证书。这件事导致伦琴只能以旁听生的身份进入荷兰乌得勒支大学学习。在乌得勒支大学，伦琴选修了物理、数学等学科。

1865年，伦琴去了瑞士的苏黎世工业大学学习机械工程，并跟随热力学教授、德国物理学家鲁道夫·克劳修斯（1822—1888）学习。

1868年克劳修斯离任后，德国物理学家奥古斯特·昆特（1839—1894）成为继任者。伦琴跟随昆特深入学习了光学课程，并在昆特的实验室里做了很多实验研究。伦琴的勤奋努力，也让他成了昆特最喜欢的学生。

伦琴的老师、物理学家昆特

1869年6月22日，伦琴以《气体的特性》的杰出论文获得哲学博士学位。1870年开始，伦琴跟着恩师昆特相继在德国维尔茨堡大学和法国斯特拉斯堡大学工作。1876年，伦琴担任了斯特拉斯堡大学的物理学教授。1879年，由于杰出的研究工作，伦琴在吉森大学取得了教授职衔，在这里主要是研究光和电的关系。

1888年，伦琴又回到了维尔茨堡大学，接替昆特，担任物理研究所所长的职位，并继续进行物理学的实验研究。

伦琴在德国维尔茨堡大学的实验室

1895 年 11 月 8 日夜晚，伦琴在进行阴极射线的实验研究中发现了一个意外的现象：为防止紫外线和可见光的影响，他用黑色硬纸板把阴极射线管严密封好，之后在给阴极射线管接上高压电流时，他发现 1 米以外的一个涂有氰亚铂酸钡的荧光屏发出微弱的浅绿色荧光，一切断电源荧光就立即消失。

这一现象让伦琴感到十分惊奇，接着他重复了实验，把荧光屏一步步移远。即使在 2 米远左右，屏上仍有较强的荧光出现。

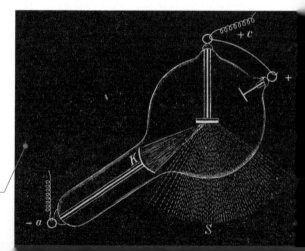

X 射线的产生机制

伦琴推测可能是一种新的射线造成的。在接下来的几个星期里，他在实验室里吃饭、睡觉，同时研究这种新射线的许多特性，并做了详细的记录，他暂时将其命名为"X 射线"。

1895 年 12 月 22 日晚上，伦琴说服他的夫人充当实验对象，当他夫人的手放在荧光屏后时，她简直不敢相信，荧光屏出现了手的骨骼和她手上戴的戒指。他的夫人因此吓得大喊道："我看到了我的死亡！"

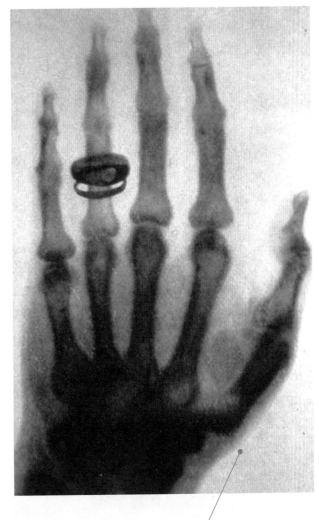

第一张 X 射线照片
来自伦琴的夫人

伦琴确定自己发现了一种新的射线。1896 年初，他把这项新发现公之于众，立即引起了巨大的轰动。物理学家们纷纷重复他的实验。伦琴陆续收到了多位著名科学家的来信，这些热情洋溢的信都赞扬他为科学做出了巨大的贡献。

# X 射线的原理

　　X 射线或 X 光，是一种不可见光，本质上是一种频率极高、波长极短（波长为 0.01~100 纳米）、能量很大的电磁波。

　　X 射线产生的原理是，加速后的电子在撞击金属靶的过程中，电子突然减速，其损失的动能会以光子形式放出，形成一个连续的光谱。

　　因为波长极短，所以 X 射线具有很强的穿透性。对于很多可见光不能透过的物体如人的身体、木料等，它都可以穿透。因此，在 X 射线发现不久，人类将其应用到医学诊断和治疗中。特别对于人体的骨骼检查，通过 X 射线的诊断，可以非常便捷且非常精准地获知结果。

　　不过需要注意的是，X 射线对身体有一定的辐射伤害。

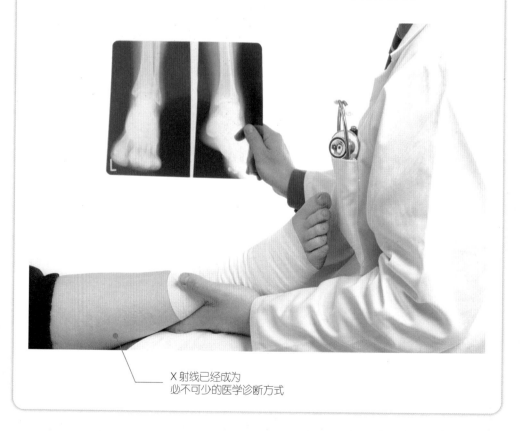

X 射线已经成为
必不可少的医学诊断方式

X 射线让医学诊断变得更为方便和准确，它的出现，也标志着医学影像诊断时代的开启。从这个意义上来说，X 射线对人类的贡献是巨大的。

1901 年，伦琴因为 X 射线的发现，成为第一位诺贝尔物理学奖金获得者，但他并没有将奖金收入自己囊中，而是立即将奖金转赠维尔茨堡大学物理研究所，以便其添置设备使用。

## 激光是一种什么光?

说完了 X 射线，你可能还会好奇另一种光——激光。那么激光是什么呢？它是如何发射出来的？

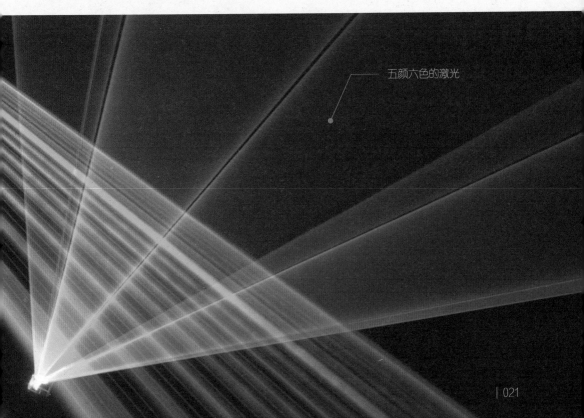

五颜六色的激光

　　激光的英文名称是 laser，最开始人们也将其叫作"雷射"，不过在 1964 年，我国著名的物理学家钱学森建议将其改名为激光，取受激辐射的光的意思。

　　激光的发展历史不长，20 世纪初期，物理学家爱因斯坦提出了激光的原理，他认为在组成物质的基本粒子的原子中，存在着不同数量的粒子如电子，它们分布在不同的能级上，那些在低能级上的电子受到光或电能的激发，从低能级跳（跃迁）到高能级上。

　　而受到激发处于高能级的电子在遇到一个与之能量匹配的光子时，会返回到低能级，并释放出两个与其吸收的能量相当的光子。这就是激光产生的理论基础。

激光亮度大且传播距离远

不过直到 1960 年，人们才第一次制造出激光器。激光器所发出的光亮度极强，主要与激光产生的原理息息相关。由于激光是原子内的粒子激发所产生的，当这些光在一个极小的空间内射出，并且方向集中，因此，所发出来的光就会非常亮。普通激光的亮度比太阳光还要高出很多，所以我们不要用激光直接照射人或者动物的眼睛，不然很容易受伤。

激光亮度非常强，方向高度集中，传播距离非常远，并且光的颜色纯度高。激光技术应用非常广泛，涉及许多领域，如制造业、医疗、通信、军事等。

# 小实验：激光爆气球

激光到底有多大的能量？在接下来的小实验中，我们将会见识一下激光的威力。准备好了吗？

扫码看实验

## 实验准备

护目镜、气球、打气筒、激光器。

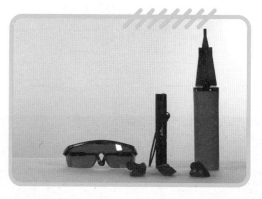

## 实验步骤

用打气筒给气球打气，吹大气球。

戴上护目镜，将激光器对准气球后打开，看看多久气球会爆裂。

为什么激光可以击破气球呢？激光使气球破裂是因为激光具有能量，能够加热物体，高温烧坏了气球。所以，你如果有激光笔，千万要安全地使用它。

激光能照破气球，但是我们普通的手电却不行，这是为什么呢？这是因为激光将所有能量集中在一个点上，可以迅速地加热物体，而手电筒发出的光能量比较分散，难以形成高能量的光斑。

激光可以切割很多东西，甚至包括铁

在我们的生活中，激光的应用是十分广泛的。"激光切割"你知道吗？它就是利用激光加热产生高温，来切割物体的一种技术。激光切割机可以切割很多东西，比如木板、塑料甚至是钢铁。我们在使用激光器的时候一定要注意安全，做好防护。

相信在未来，随着光学研究的不断发展，激光会得到更为广阔的应用，成为造福于人类的一个有力工具。

## 留给你的思考题

1. 摄像机可以拍摄连续运动的画面,它的原理和照相机一样吗?

2. 生活中,还有哪些根据光学原理的发明或应用,你能说出几个来吗?

伦琴发现了 X 射线之后,对后来很多科学家产生了巨大的影响。受此启发,法国科学家安东尼·亨利·贝克勒尔在实验室中,发现了铀盐具有天然放射性现象。随后,根据贝克勒尔的研究,居里夫人和她的丈夫从沥青铀矿中发现了另外两种重要的放射性元素——钋和镭。1903 年,贝克勒尔和居里夫妇共同获得了诺贝尔物理学奖。

居里夫人和丈夫发现了
放射性元素镭